房屋建筑学

中国建设教育协会　组织
史　平　　赫　强　主编

中国建筑工业出版社

图书在版编目（CIP）数据

房屋建筑学/史平，赫强主编. —北京：中国建筑工业出版社，
2011.3
　ISBN 978-7-112-12976-8

Ⅰ.①房…　Ⅱ.①史…②赫…　Ⅲ.①房屋建筑学　Ⅳ.①TU22

中国版本图书馆CIP数据核字（2011）第043400号

房屋建筑学

中国建设教育协会　组织
史　平　　赫　强　主编
＊
中国建筑工业出版社出版、发行（北京西郊百万庄）
各地新华书店、建筑书店经销
北京嘉泰利德公司制版
北京画中画印刷有限公司印刷
＊
开本：880×1230毫米　横1/24　印张：2$\frac{1}{6}$　字数：59千字
2011年8月第一版　2012年3月第二次印刷
定价：**80.00**元（含课件光盘）
ISBN 978-7-112-12976-8
　　（20379）

版权所有　翻印必究
如有印装质量问题，可寄本社退换
（邮政编码　100037）

前　言

本光盘是为高等院校"房屋建筑学"课程编制的多媒体电子教案。

《房屋建筑学》是高等院校土木工程、工程管理等专业的主要专业课和专业基础课。通过该课程的理论学习和课程设计训练，学生能系统地掌握房屋建筑（包括民用建筑与工业建筑）的建筑设计（建筑方案设计）和建筑构造设计原理，了解现有工程实践中建筑构造的形式和运用，并能进行一般性中小型民用建筑的建筑设计，从而为后续的专业课打下良好的基础。

在以往的教学模式中，知识面广、信息量大、教学困难是"房屋建筑学"这门课程的特点。大量复杂繁琐的设计原理示意图、建筑构造详图和工程案例，均需要任课教师用粉笔在黑板上绘制，这不仅要耗费大量的课堂教学时间，而且平面草图表现力差，缺少与现场实物照片（或视频）的对照，使学生对教学内容的理解片面而模糊。任课教师既要保证将课程重点理论讲透又要在黑板上徒手绘图，因此，利用多媒体手段提高课堂教学效率，改善学生的学习效果，已是当务之急。

编者依据多年讲授"房屋建筑学"课程的教案手稿以及搜集的工程案例资料，结合长期教学经历和参与工程实践的经验，借助现代多媒体教学手段，选用 Powerpoint、Photoshop 和 Authorware 等软件，编制成了《房屋建筑学》课件光盘。

本课件光盘的内容与同济大学等四校合编的《房屋建筑学》（中国建筑工业出版社，第四版）教材内容相配套，编排结构也遵循该教材的文序和构成，课程内容依据 48 课时的教学计划编排，力求重点突出、主次兼顾，既保持了课程的完整性，又体现了各章节内容的特征性，教师可根据专业需要和学时变化进行取舍、调用。

本课件光盘中，所有理论叙述均采用文字动画展示，并通过文字链接相应工程案例图片或工程简图，便于教师按序授课，不必花时间去画黑板，而专注于理论讲解，又能让学生尽快理解课堂内容，提高学习效率。电子教案中的文字、图片，都经过了精心选取和编排，力求用词用图准确、案例新颖、版面亲和力强，尽量使之贴近工程实践的要求和配套教材的内容。既可作为教师课堂教案，又可用于学生课后自学的参考资料。经编者及同行的实际教学使用，获得了良好的教学效果。

近年来，随着社会对建筑人才的需求与土木建筑类专业招生量的逐年增加，加之现行的本科教学大纲里"房屋建筑学"计划课时的缩减，承担"房屋建筑学"课程教学任务的教师深感教学压力加大。本课件光盘的编辑与出版，将对提高教学效率、减轻教师负担起到有益的帮助和支持。

本课件光盘可以广泛用于普通高等院校本、专科层次的土木建筑类专业及相关专业，也可供职业技能培训及土木建筑类工程技术人员自学参考使用。

本课件光盘由徐州工程学院土木工程学院史平副教授、赫强老师主编，侯伟伟老师设计版面，参与编写、提供资料及协助制作的人员还有：陈永、张达、苏平、蔡成果、朱正卫和杨超等同学。

本课件光盘在编制过程中所参阅的相关教材、书籍及文献均列于书末，在此，特向相关作者表示由衷的谢意！

目 录

房屋建筑学

史平 赫强 主编

中国建筑工业出版社

退出

目 录
contents

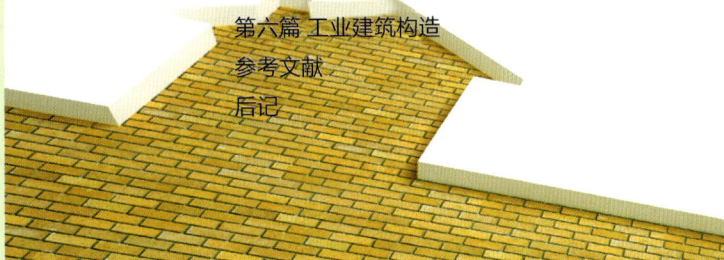

第一篇 概述

1.1 房屋建筑学的基本内容

1.2 建筑设计的内容、程序及要求

（a）石环

古代建筑

（b）石台

1.2 建筑设计的内容、程序及要求

"建筑设计"应为"建筑工程设计"的简称。

内容：

1.2.1 建筑分类与组成

建筑物根据其使用性质，通常可以分为生产性建筑和非生产性建筑两大类。

统称为民用建筑

公共建筑　　居住建筑

根据其生产内容的区别划分为

工业建筑、农业建筑等

生活服务性建筑：如各类餐饮类、粮场

文教建筑：如各类学校、图书馆

托幼建筑：如幼儿园、托儿所

科研建筑：如研究所、疗养院、科研实验馆

商业建筑：如商店、商场

行政办公：如各类政府机构用房

交通建筑：如各类空港码头等

通讯广播建筑：如电视台、电讯局

观演建筑：如电影院、音乐厅

体育建筑：如各类体育竞技场

展览建筑：如展览馆、博物馆

旅游建筑：如宾馆、饭店、招待所

园林建筑：如公园、动物园

纪念性建筑：如纪念馆、陵园

宗教建筑：如各种寺庙、教堂

第二篇 建筑设计原理

2.1 建筑平面设计
2.2 建筑的剖面设计
2.3 建筑的型体与立面设计
2.4 建筑总平面设计

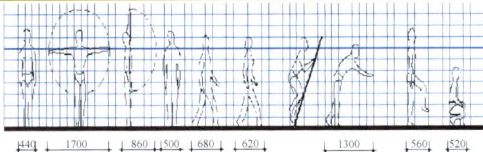

|440|1700|860|500|680|620| |1300| |560|520|

1. 体重:(男: 68.9 女: 56.7)
2. 身高:(男: 173.5 女: 159.8)
3. 坐直臀至头顶的高度:(男: 90.7 女: 84.8)
4. 两肘间的宽度:(男: 41.9 女: 38.4)
5. 肘下支撑物的高度:(男: 24.1 女: 23.4)
6. 坐姿大腿的高度:(男: 14.5 女: 13.7)
7. 坐姿膝盖至地面的高度:(男: 54.4 女: 49.8)
8. 坐姿臀部至腿弯的长度:(男: 49.0 女: 48.0)
9. 坐姿臀宽:(男: 35.6 女: 36.3)

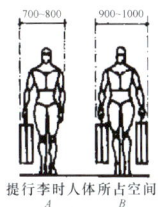

700~800　900~1000

提行李时人体所占空间
A　　B

人体尺度和人体活动所需的空间尺度

空间尺寸要素:

空间比例、尺度

建筑模数

1. 空间尺寸的组成
　　开间——房间在外立面上占的宽度。
　　进深——垂直于开间的房间深度尺寸。
　　开间、进深均指轴线尺寸(净宽、净深)。
　　民用建筑开间进深一般采用3M模数数列。
2. 空间尺寸的确定
　　1)房间的使用要求——家具设备的布置要求,良好的视听效果;
　　2)采光通风等室内环境的要求;
　　3)精神和审美要求 1:1~1:2;
　　4)技术经济方面的要求,结构布置和施工方便。
3. 模数数列的幅度

楼梯

定义：建筑中的垂直交通部分，是楼层人流疏散必经的通路。

楼梯的宽度取决于通行人数的多少和建筑防火要求，通常应大于1100mm。一些辅助楼梯也应该大于800mm。

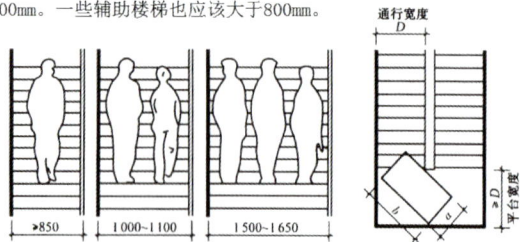

楼梯梯段和平台的通行宽度如图所示

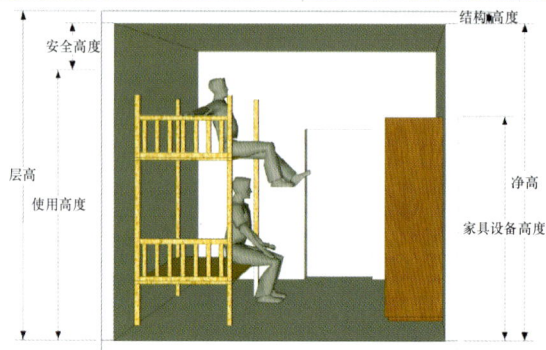

（a）、（b）内廊式组合的单侧窗采光

（c）外廊式组合的双侧窗采光 （d）双侧窗采光

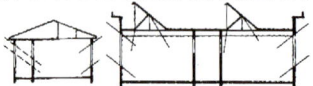

（e）中廊式组合顶层房间的双侧窗采光

（f）、（g）内廊式组合顶层房间的单侧窗及顶部采光

徐州工程学院中心校区
规划图

2.3.2 建筑型体的组合

1. **对称式布局**：建筑有明显的中轴线，主体部分位于中轴线上，主要用于需要庄重、肃穆感觉的建筑，例如政府机关、法院、博物馆、纪念堂等。

2. **不对称的布局**：在水平方向通过拉伸、错位、转折等手法，形成不对称的建筑形体。在不同体量或形状的体块之间可以互相咬合或用连接体连接。需要讲究形状、体量的对比或重复以及连接处的处理；同时应该注意形成视觉中心。这种布局方式容易适应不同的基地地形，还可以适应多方位的视角。

soho尚都　规整线条
错乱而现代

奔驰博物馆　以螺旋方式
整合建筑

杭州影剧院

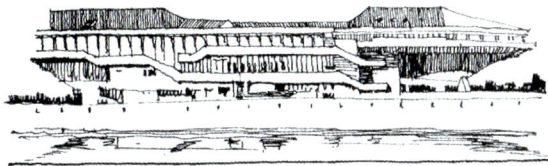

荷兰德尔佛特技术学院礼堂

2.4 建筑总平面设计

2.4.1 城市规划的要求

2.4.2 环境条件对总平面设计的影响

2.4.1.4 建筑物与日照和日照间距的关系

日照间距指前后两排南向房屋之间，为保证后排房屋在冬至日底层获得不低于二小时的满窗日照而保持的最小间隔距离。

计算方法：由图可知：$\tanh=(H-H_1)/D$，由此得日照间距应为：

$D=(H-H_1)/\tanh$

H——前幢房屋女儿墙顶面至地面高度。

H1——后幢房屋窗台至地面高度。（根据现行设计规范，一般 H1取值为0.9m，H1>0.9m时仍按照0.9m取值）

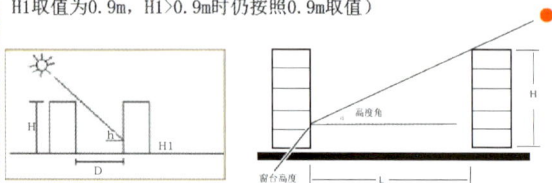

A 入口雕塑
B 集会小广场
C 游泳池
D 消毒池
E 休闲木平台
F 休闲亭
G 休闲坐椅
H 花池
I 休闲亭
J 叠层水景
K 打步

高明员工小区规划设计　总平面图

2.4.2.1 建筑朝向的因素

建筑朝向是指在建筑物多数采光窗的朝向。在建筑单元内，一般指主要活动室主采光窗的朝向。

确定建筑朝向

各种建筑朝向墙面及居室内可能获得的日照时间和日照面积。建筑物墙面上的日照时间和日照面积。建筑物墙面上的日照时间，决定墙面接受太阳辐射热量的多少。冬季因为太阳方位角变化的范围小，在各朝向墙面上获得的日照时间的变化幅度很大。

2.4.2.2 地区风向因素

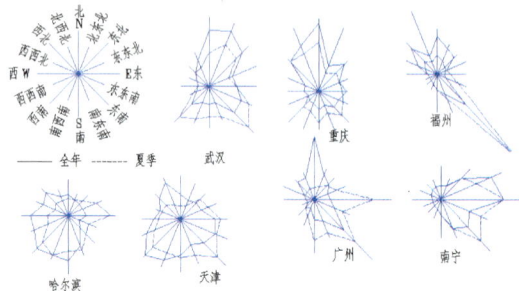

我国部分城市风向频率玫瑰图

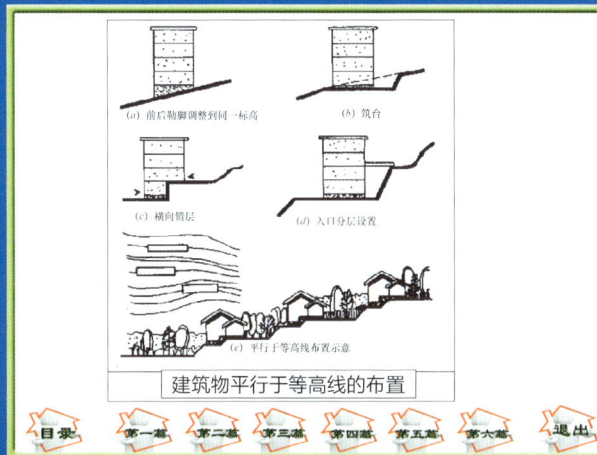

建筑物平行于等高线的布置

2.4.2.4 交通规划因素

第三篇　建筑结构概述

3.1 墙体承重结构
3.2 骨架承重结构体系
3.3 空间结构体系

砌体墙承重

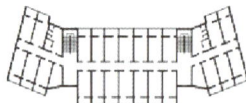

某横墙承重的混合结构宿舍平面图

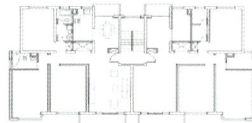

某混合结构多层住宅平面

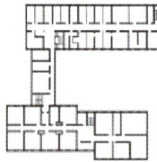

某纵横墙混合承重的混合结构办公楼平面

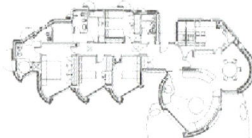

板材装配式建筑

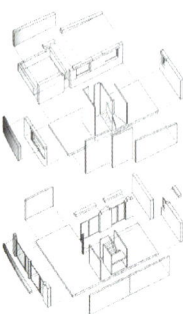

3.2 骨架承重结构体系

骨架承重结构体系——在建筑空间布置的构思上，主要在于用两根柱子和一根横梁来取代一片承重墙。这样原来在墙承重结构支承系统中被承重墙体占据的空间就尽可能地给释放了出来，使得建筑结构构件所占据的空间大大减少。而且在骨架结构承重系统中，无论是内、外墙均不承重，可以灵活布置和移动，因此较为适用于那些需要灵活分隔空间的建筑物，或是内部空旷的建筑物，同时建筑立面处理也较为灵活。

骨架承重结构体系可分为**框架结构、框剪、框筒、简体、简束结构、板柱结构、钢架拱结构、排架结构**。

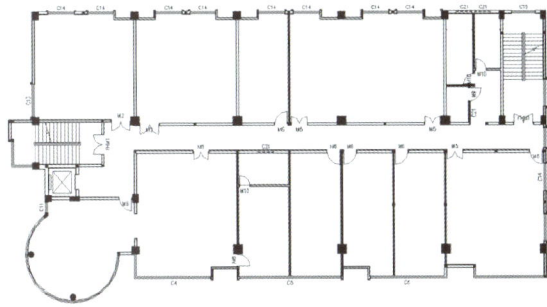

框架结构办公楼平面图

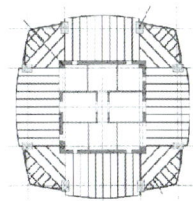

香港国际金融中心二期
核心筒体结构

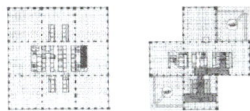

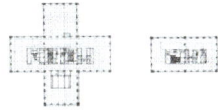

西尔斯大厦
简束结构

3.2.3 板柱结构

结构特征:

优点:

- 具有框架结构的优点;
- 结构高度小,增大了楼层净高,顶棚平整;
- 采光、通风及卫生条件好;
- 模板及施工简单。

缺点:

- 承受水平荷载能力较差;
- 楼板较厚,楼盖材料用量较多。

适用范围:常用于医药、食品、冷库、商场及医院等建筑,预应力板柱常用于住宅建筑中。

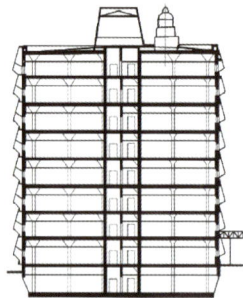

某现浇板柱体系档案馆剖面图

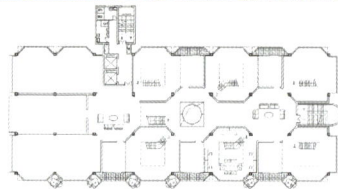

(a) 某装配式板柱体系办公楼建筑方案

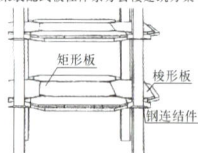

矩形板
梭形板
钢连结件

(b) 某装配式板柱体系办公楼施工方案

钢桁架结构

福厦铁路泉州站站房

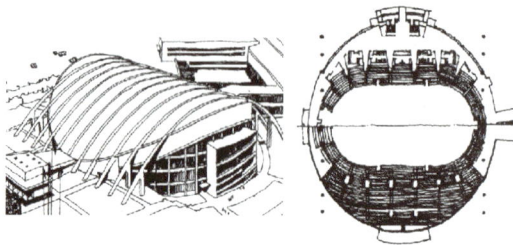

美国蒙哥马利体育馆用平行拱
支承屋面覆盖圆形平面

3.3 空间结构体系

空间结构体系——各向受力，可以较为充分地发挥材料的性能，因而结构自重小，是覆盖大型空间的理想结构形式。

空间结构体系可分为**薄壳结构、网架结构、悬索结构、膜结构、混合结构**。

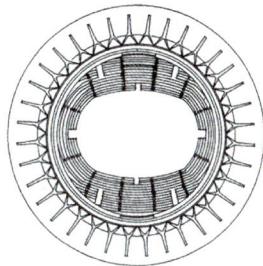

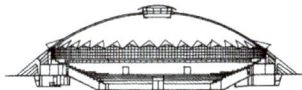

罗马小体育馆圆形网状扁球壳屋顶薄壳结构

第四篇 建筑构造

4.2 水平结构构造

4.3 墙体构造

4.4 墙地面装饰构造

4.5 基础与地基

4.6 楼梯构造

4.7 门窗构造

4.8 建筑防水构造

4.9 建筑保温、隔热构造

4.10 建筑变形缝构造

4.11 建筑工业化

4.2.1.1 楼层的基本构造

楼板——沿水平方向分隔上下空间的结构构件。除承受并传递垂直荷载和水平荷载，应具有足够的强度和刚度外，还应具有一定的防火、隔声和防水等方面的能力。建筑物中有些固定的水平设备管线，也可能会在楼层内安装。

楼板层是水平方向的分隔构件，同时也是承重构件；

应有足够的强度、刚度，满足防火、隔声、防水等要求；

还应考虑到设备管线的安装。

一、基本构成方式：

板式楼盖

梁板式楼盖

无梁楼盖

施工工艺

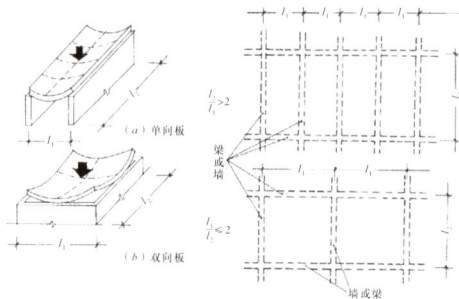

板式楼盖适用于有许多小开间的房间的建筑物，特别是墙承重体系的建筑物，例如住宅、旅馆等，或其他建筑的走道、厨房、卫生间等。结构层底部平整，可以得到最大的使用净高。

在板底增加梁不仅具有结构方面的意义，经过对楼板的传力路线的设计，还可以重新分配传到梁上的荷载的大小，从而控制其断面尺寸，这样对争取某些结构梁底的净高以及在平面上按照建筑设计的需要局部增加或者取消某些楼层的支座，都很有用处。

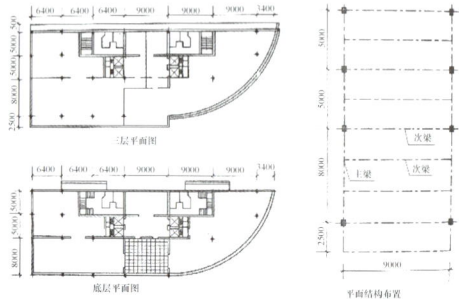

某建筑楼层结构梁板布置实例

预制装配式工艺：

花篮梁的运用

屋面形态：

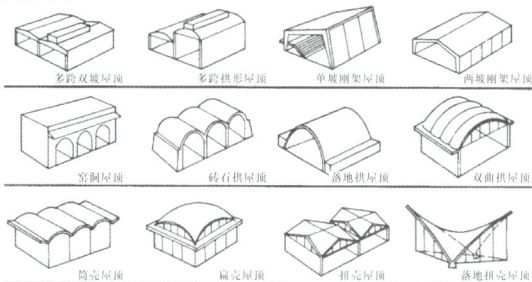

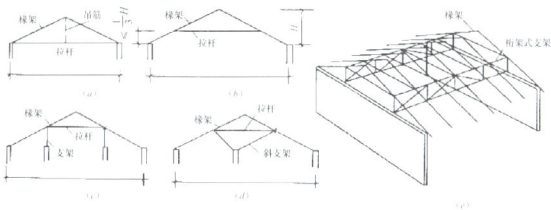

椽架找坡示意

（a）三角形椽架；（b）高拉杆椽架；（c）支架支承椽架；
（d）斜支架支承椽架；（e）柱架支承椽架

椽架找坡示意

4.2.3 阳台、雨棚构造

（1）阳台——有楼层的建筑物中人可直接到达的向室外开敞的平台。

形式：
● 凸阳台
● 凹阳台
● 半凹半凸阳台

（2）雨棚——建筑物入口处位于外门上部用以遮挡雨水、保护外门免受雨水侵害的水平构件。

形式：
● 悬挑雨棚
● 悬挂雨棚

（3）遮阳——设置在外窗的外部，用来遮挡直射阳光。

（4）结构形式：悬挑、悬挂。

4.3 墙体构造

4.3.1 概述

4.3.2 墙体构造

4.3.3 预制外墙板（幕墙）构造

混凝土墙

土墙

构造柱——在多层砌体房屋墙体的规定部位，按构造配筋，并按先砌墙后浇筑混凝土柱的施工顺序制成的混凝土柱。
截面尺寸：墙宽×墙宽
构造柱设置要求：
- 外墙转角处
- 内外墙交接处
- 楼（电）梯间四角
- 较长墙体中部（ΔL≤4m）

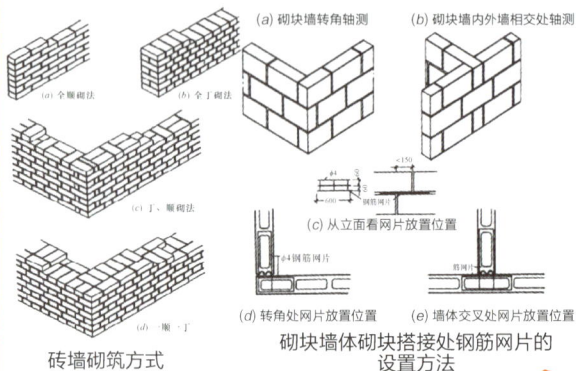

(a) 砌块墙转角处轴测　(b) 砌块墙内外墙相交处轴测

(c) 从立面看网片放置位置

(d) 转角处网片放置位置　(e) 墙体交叉处网片放置位置

砖墙砌筑方式

砌块墙体砌块搭接处钢筋网片的
设置方法

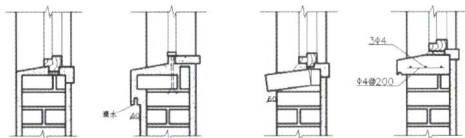

(a)不悬挑窗台　(b)滴水的悬挑窗台　(c)侧砌砖窗台　(d)预置钢筋混凝土窗台

洞口下方窗台构造

4.3.2.2 骨架墙构造

骨架墙——面板本身不具有必要的刚度，难以自立成墙，需要先制作一个骨架，再在其表面覆盖面板。

骨架（统称为龙骨或墙筋）——材料可以是木材和金属等，构成分为上槛、下槛、竖筋、横筋和斜撑。

面板——材料可以是胶合板。纸面石膏板、硅钙板、塑铝板、纤维水泥板等。

粉刷材料的选择

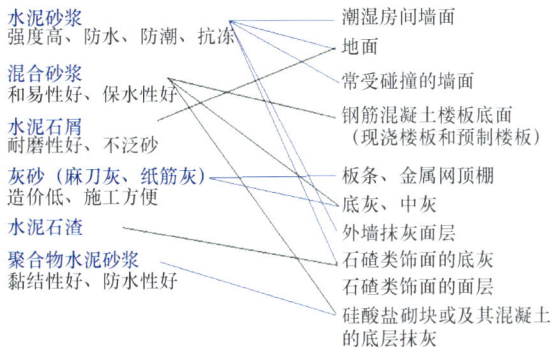

水泥砂浆
强度高、防水、防潮、抗冻

混合砂浆
和易性好、保水性好

水泥石屑
耐磨性好、不泛砂

灰砂（麻刀灰、纸筋灰）
造价低、施工方便

水泥石渣

聚合物水泥砂浆
黏结性好、防水性好

潮湿房间墙面
地面
常受碰撞的墙面
钢筋混凝土楼板底面
（现浇楼板和预制楼板）
板条、金属网顶棚
底灰、中灰
外墙抹灰面层
石碴类饰面的底灰
石碴类饰面的面层
硅酸盐砌块或及其混凝土的底层抹灰

添加用细骨料：各种粒径较小的石质颗粒物或小块的碎石等材料，用来添加到砂浆中或者用来代替砂浆中的黄砂，使得被装修部位的表层呈现不同的色泽和质感。

腻子：各种粉剂和建筑用胶的混合物，质地细腻，较稠易干，用来抹在砂浆表面以填补细小空隙，取得进一步平整的效果。

涂料：按其性状可分为溶剂型涂料、水溶性涂料、乳液型涂料和粉末涂料 。成膜后起保护和装饰作用。

面层名称	构造层次及施工工艺
水刷石	15厚1:3水泥砂浆打底，水泥纯浆一道，10厚1:1.2～1.4水泥石碴粉面，凝结前用清水自上而下洗刷，使石碴露出表面。
干粘石	15厚1:3水泥砂浆打底，水泥纯浆一道，4～6厚1:1水泥砂浆＋803胶（或水泥聚合物砂浆）粘结层，3～5厚彩色石碴面层（用甩或喷的方法施工）。
斩假石	15厚1:3水泥砂浆打底，水泥纯浆一道，10厚1:1.2～1.4水泥石碴粉面，用剁斧斩去表面层水泥浆或石尖部分使其显出凿纹。
水磨石	15厚1:3水泥砂浆打底，分格固定金属或玻璃嵌条，1:1.5水泥石碴粉面（厚度视石碴粒径），表面分遍磨光后用草酸清洗、晾干、打蜡。

4.4.2 粘贴类面层

粘贴类面层——在对基层进行平整处理后，在其表面再粘贴表层块材或卷材的工艺。

粘贴类面层常用的面材——各种面砖、石板、人工橡胶的块材和卷材以及各种其他人造块材。

面砖：以陶土或瓷土为原料，经加工成型、煅烧而成。可分为有釉和无釉两种，表现为表面有光或亚光。

石材：天然石材按照其成因可分为火成岩（以花岗石为代表）、变质岩（以大理石为代表）和沉积岩（以砂岩为代表）。人造石材系将碎大理石与和聚酯树脂混合制成。

人工橡胶的块材和卷材：可以添加金刚砂等材料增加表面摩擦力，防滑效果较好，还可以加工成多种色彩及表面纹理。

复合制品：小片的竹、木制品，成张的软木制品以及它们与其他材料的复合制品等。

工艺

钉挂类面层常用的施工工艺——分为安装内骨架、铺钉表层面材及表面处理三步骤。

1. 架空木地板的施工工艺：

固定搁栅——在地面弹线定位（中距≤400mm）并钻孔打入木楔或塑料楔后，以每个连接点一钉一螺固定。搁栅应该离墙30mm。

铺钉企口木地板——地板钉从企口处的侧边钉入，以防止钉头外露。木地板应离墙8～10mm。

表面处理——打磨平整后，表面涂漆或封腊。

△ 弹性架空木地板——有特殊要求时，在架空地板的搁栅下设置弹性钢弓或羊毛毡、橡胶条等为缓冲装置。

△ 双层架空木地板——有拼花要求时，可在搁栅上面先成45°角铺设约20mm厚的毛板一层，并在中间铺上一层油纸、油毡或无纺布，用以隔声。

(a) 企口木地板　　(b) 木地板钉自企口处钉入

腻子嵌平，白色乳胶漆一底二涂
20厚1:1:6混合砂浆打底，1:1:4混合砂浆粉面
240厚砖墙

饰面五夹板
30x30木墙筋
240厚砖墙

15厚木踢脚

18厚长条企口木地板
50x50木搁栅，@400
100厚现浇钢筋混凝土楼面板

单层架空木地板构造

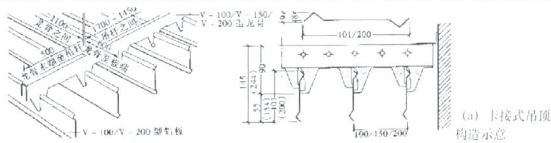

（a）卡接式吊顶
构造示意

（b）卡接式金属吊顶实例

卡接式金属吊顶

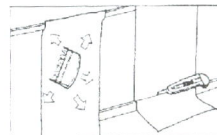

裱糊壁纸、壁布的基本顺序

对缝的一般方法

4.5 基础与地基

4.5.1 基础的作用及其与地基的关系
4.5.2 基础的埋置深度
4.5.3 基础的类型

4.5.2 基础的埋置深度

影响基础埋深的因素有建筑物上部荷载的大小、地基土质的好坏、地下水位的高低、土的冰冻的深度以及新旧建筑物的相邻交接关系等。

◆ 深基础——埋置深度大于4m。
◆ 浅基础——埋置深度小于4m。
◆ 不埋基础——直接做在地表面上的基础。

为了防止冻融时土内所含的水的体积发生变化会对基础造成不良影响，基础底面应埋在冰冻线（结冰的土层厚度处）以下200mm。

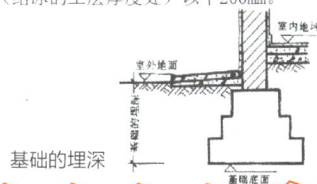

基础的埋深

按基础构造形式分：
独立基础：当建筑物上部结构采用框架结构或单层排架结构承重时，基础常采用方形、圆柱形和多边形等形式的独立式基础，这类基础称为独立式基础。
条形基础：
　　墙下条基——砖石墙的基础形式。
　　柱下条基——提高建筑物的整体性。
筏形基础——满堂式的板式基础，有平板式和梁板式之分。
桩基础——多数用于高层建筑或土质不好的情况下，由若干桩来支承一个平台，然后由这个平台托住整个建筑物，叫做桩承台。
箱型基础——由钢筋混凝土的底板、顶板和若干纵横墙组成的，形成空心箱体的整体结构，共同承受上部结构的荷载。
其它类型的基础形式

继续

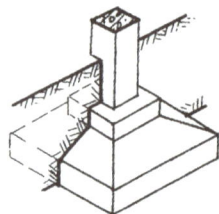 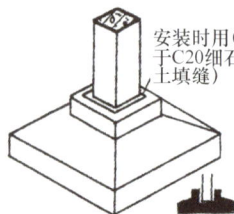

安装时用（不低于C20细石混凝土填缝）

（a）现浇基础　　　　（b）杯形基础

独立柱式基础

楼梯分类：

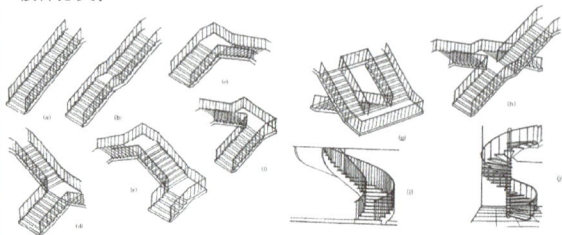

（a）直跑楼梯（单跑）（b）直跑楼梯（双跑）（c）转角楼梯（d）双分转角楼梯
（e）三跑楼梯（f）双跑楼梯（g）双分平行楼梯（h）交叉楼梯（i）螺旋楼梯
（j）悬挂楼梯

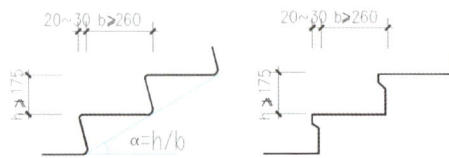

踏步尺寸示意图

悬挂楼梯

4.6.3 楼梯的施工工艺
一、整体现浇钢筋混凝土楼梯
正梁式（梁在板下）：明步
反梁式（梁在板上）：暗步
二、大中型构件预制装配式楼梯
大型构件主要是以整个梯段以及整个平台为单独的构件单元，在工厂预制好后运到现场安装。
中型构件主要是沿平行于梯段或平台构件的跨度方向将构件划分成几块，以减少对大型运输和起吊设备的要求。
钢筋混凝土构件楼梯
钢构件楼梯
三、小型构件预制装配式楼梯
小型构件装配式楼梯是以楼梯踏步板为主要装配构件，安装在梯段梁上。
其预制踏步板的断面形式有一字形、L形和三角形等几种。
和现浇的梁式楼梯一样，小型构件预制装配式楼梯也可以做成明步或暗步的形式。
小型构件装配式楼梯可以用单一或混合的材料制作。

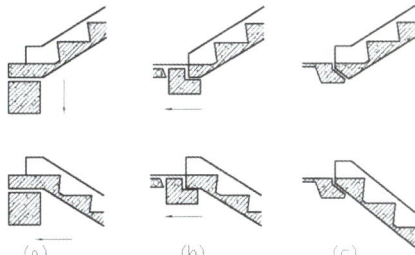

装配式楼梯梯段构件与平台梁的交接关系
（a）上下跑对齐时矩形平台梁下移、后移，梁下净空减小　（b）上下跑对齐时L形平台梁后移，梁下净空减小　（c）上下跑错半步，方便平台梁且上下梯段在同一高度相连接

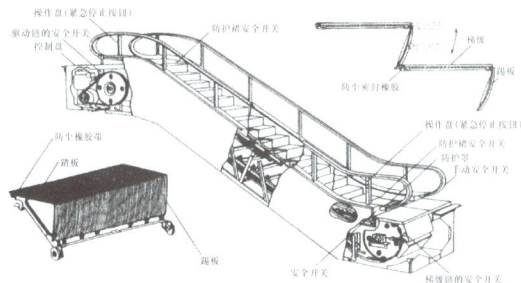

自动扶梯构成示意

4.7.2 门窗的组成

门窗——门窗与建筑墙体、柱、梁等构件联接的部分，起固定作用，还能控制门窗扇启闭的角度。

门窗扇——门窗可供开启的部分
门扇的类型主要有镶板门、夹板门、百页门、无框玻璃门等。

窗扇有镶玻璃、镶百页、无框玻璃等形式。
门窗五金——在门窗各组成部件之间以及门窗与建筑主体之间起到联接、控制以及固定的作用。

门的五金主要有把手、门锁、铰链、闭门器和门挡等。

窗的五金有铰链、风钩、插销、拉手以及导轨、转轴、滑轮等。

门窗　　五金

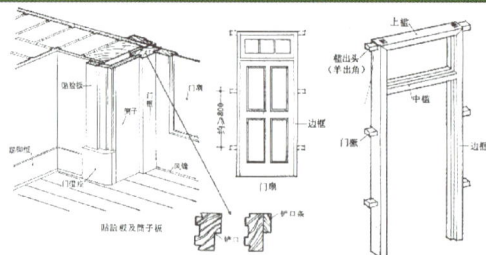

门窗构成

门窗框又称作门窗樘，一般由两边的垂直边梃和自上而下分别称作上槛、中槛（又称作中横档）、下槛的水平构件组成

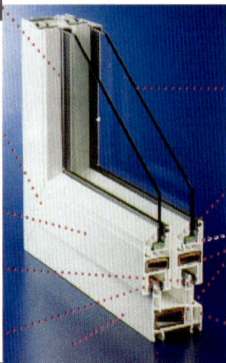

固定用密封条
玻璃
固定用密封条
弹性垫块
内衬加强钢管
塑料窗扇
滑轨
塑料窗框

单层玻璃塑钢推拉窗断面

窗的开启形式

铝合金门窗和塑钢窗在门窗框与洞口的缝隙中不能嵌入砂浆等刚性材料，必须采用柔性材料填塞。常用的有矿棉毡条、玻璃棉条、泡沫塑料条、泡沫聚氨酯条等。外门窗应在安装缝两侧都用密封胶密封。

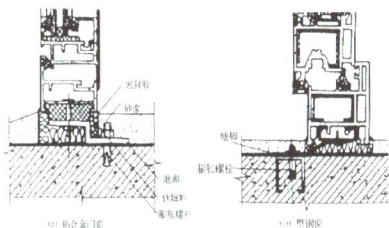

铝合金及塑钢窗窗框安装工艺

预安装门轴　　门扇安装后上下转动轴处节点

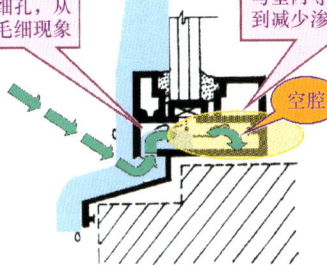

门窗缝防水原理

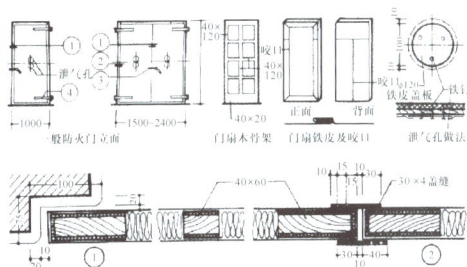

木质防火门

木质防火门常用做法是在门扇外侧包裹5mm厚的石棉板及一层26号镀锌铁皮，门框也应包裹石棉板及铁皮或使用钢门框。

体育馆采光天窗

4.8 建筑防水构造

4.8.1 建筑防水构造综述

4.8.2 建筑屋面防水构造

4.8.3 建筑外墙防水构造

4.8.4 建筑地下室防水构造

4.8.5 建筑室内防水构造

4.8.2 建筑屋面防水构造

一、屋面防水构造特征

平面层 ——→ 以"堵"为主、"导"为辅。

坡屋面 ——→ 以"导"为主、"堵"为辅。

二、平屋面的防水构造

柔性（卷材）防水

- 保护层
- 防水层（卷材、冷底子油）
- 基　层（水泥砂浆）

卷材防水　刚性防水　檐口构造　坡屋面的防水构造

---

40 厚 C20 细石混凝土内置 $\phi 4@200$ 双向

5 厚纸筋石灰浮筑层

20 厚 1:3 水泥砂浆找平

1:8 煤屑混凝土找坡，最薄处20厚

120 厚预制多孔板

加铺高分子卷材 一层
高分子卷材 一层

分仓缝　油膏嵌缝

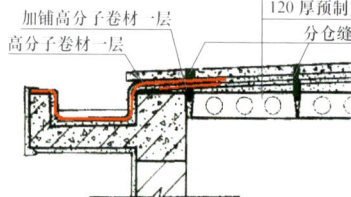

刚性防水屋面挑檐檐口节点

4.8.2 建筑屋面防水构造

坡屋面的防水构造

防水构造方式

传统坡屋面——构造防水，即靠屋面瓦片的构造形式及挂瓦的构造工艺来实现防水。

现代建筑的坡屋面——向以材料防水和构造方式相结合以及多种工艺并进的方向发展。

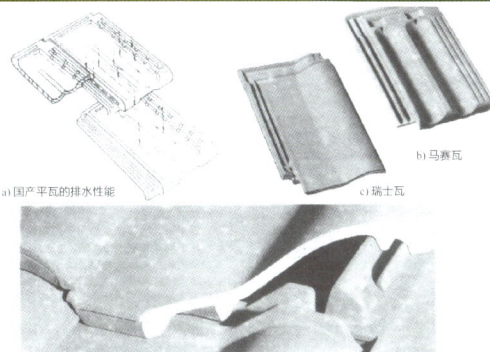

---

a) 国产平瓦的排水性能
b) 马赛瓦
c) 瑞士瓦

屋面平瓦形态及防水机理

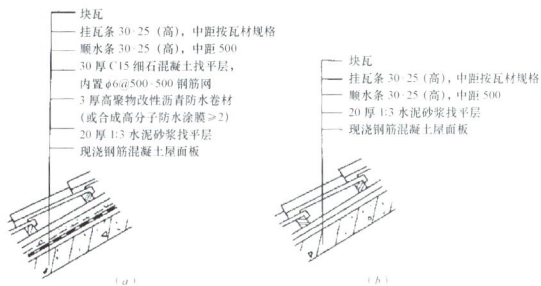

块瓦
挂瓦条 30×25（高），中距按瓦材规格
顺水条 30×25（高），中距 500
30 厚 C15 细石混凝土找平层，
内置 φ6@500~500 钢筋网
3 厚高聚物改性沥青防水卷材
（或合成高分子防水涂膜≥2）
20 厚 1:3 水泥砂浆找平层
现浇钢筋混凝土屋面板

块瓦
挂瓦条 30×25（高），中距按瓦材规格
顺水条 30×25（高），中距 500
20 厚 1:3 水泥砂浆找平层
现浇钢筋混凝土屋面板

（a）　　　　　　　　（b）

（a）Ⅱ级防水屋面选择；（b）Ⅲ级防水屋面选择

盖黏土瓦的钢筋混凝土坡屋面防水构造

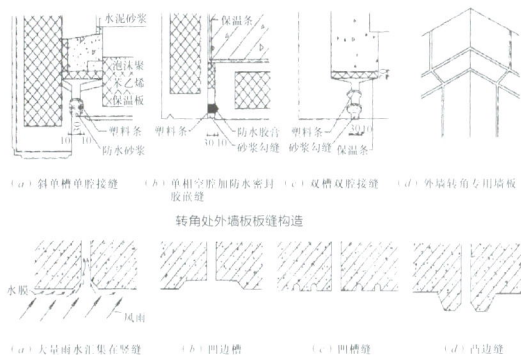

（a）斜单槽单腔接缝　（b）单相空腔加防水密封　（c）双槽双腔接缝　（d）外墙转角专用墙板
胶底缝　　　　　砂浆勾缝

转角处外墙板板缝构造

（a）大量雨水汇集在竖壁　（b）凹边槽　（c）凹槽缝　（d）凸边缝

几种外墙板边缘的挡水构造

4.8.4 建筑地下室防水构造

一、设计原则

地下水位高于地下室室内地面 ——→ 无压水防水处理

地下水位低于地下室室内地面 ——→ 有压水防水处理

构造形式:

外包防水构造 ——→ 新建工程

内包防水构造 ——→ 修缮工程

三、地下室内包防水构造

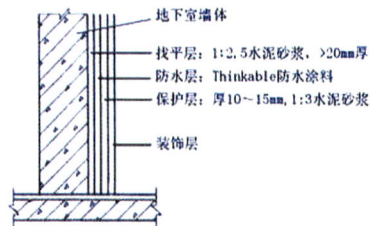

地下室墙体

找平层: 1:2.5水泥砂浆, >20mm厚

防水层: Thinkable防水涂料

保护层: 厚10～15mm, 1:3水泥砂浆

装饰层

地下工程砖墙体内防水结构

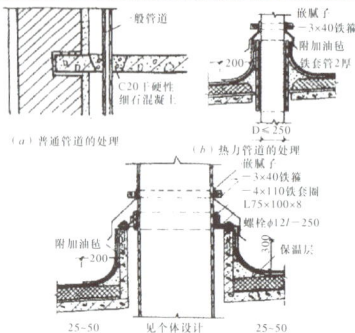

一般管道

底腻子

3×40铁箍

附加油毡

铁套管2厚

C20干硬性细石混凝土

(a) 普通管道的处理

D≤250

(b) 热力管道的处理

底腻子

3×40铁箍

4×110铁套圈

L75×100×8

螺栓φ12 l-250

保温层

附加油毡

见个体设计

25-50　　25-50

(c) 预留孔洞管道穿越屋面

垂直管道穿越处楼面构造

4.9 建筑保温、隔热构造

4.9.1 综述

4.9.2 建筑外围护结构保温构造

4.9.3 建筑外围护结构隔热构造

岩棉保温材料

玻璃棉毡　　玻璃棉保温面板

35 厚500×500 预制钢筋混凝土大阶砖
25 厚粗砂保护层
塑料薄膜隔离层
高分子卷材一层
发泡聚苯板保温兼找坡层，最薄处 40 厚
花油法粘贴高聚物油毡一层
20 厚 1:3 水泥砂浆找平
现浇钢筋混凝土屋面结构层

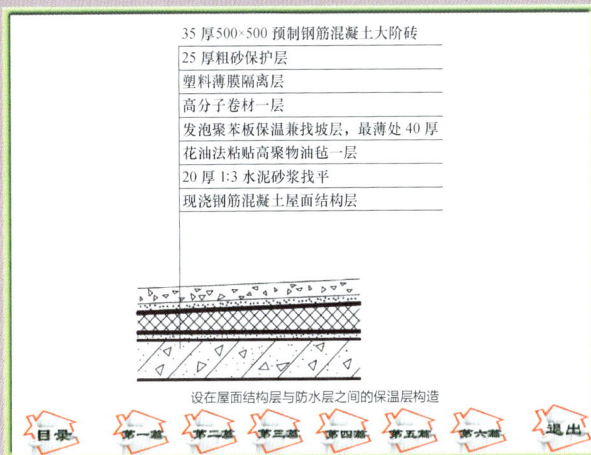

设在屋面结构层与防水层之间的保温层构造

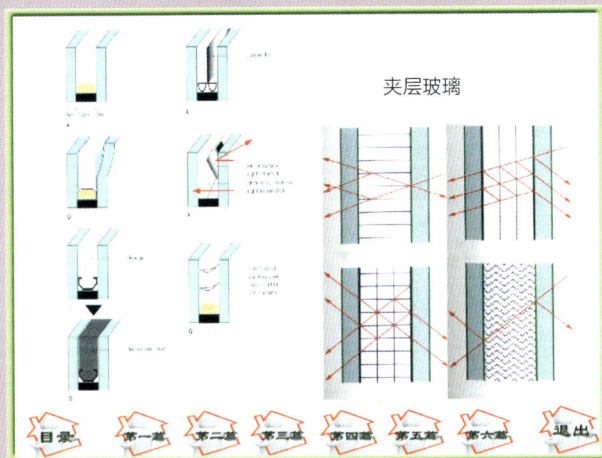

夹层玻璃

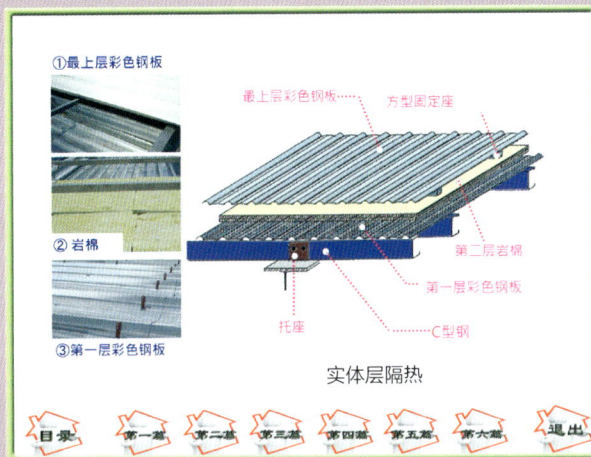

①最上层彩色钢板

②岩棉

③第一层彩色钢板

最上层彩色钢板　　方型固定座

第二层岩棉

第一层彩色钢板

托座　　C型钢

实体层隔热

4.10.2 设变形缝处建筑的结构布置

在变形缝的两侧设双墙或双柱——做法较为简单，但易使缝两边的结构基础产生偏心（用于伸缩缝时因基础可不断开，所以可无此问题）。

在变形缝的两侧用水平构件悬臂向变形缝的方向挑出——基础部分容易脱开距离，设缝较方便，特别适用于沉降缝。

用一段简支的水平构件做过渡处理——多用于连接两个建筑物的架空走道等，但在抗震设防地区需谨慎使用。

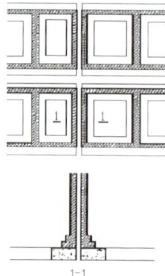

双墙变形缝　双柱变形缝　双墙承重方案易造成基础偏心

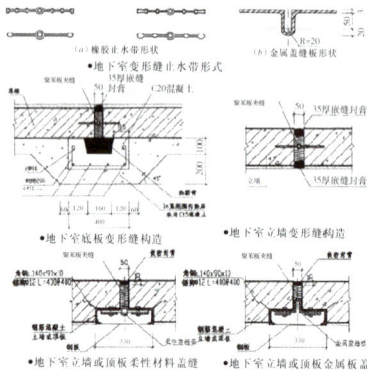

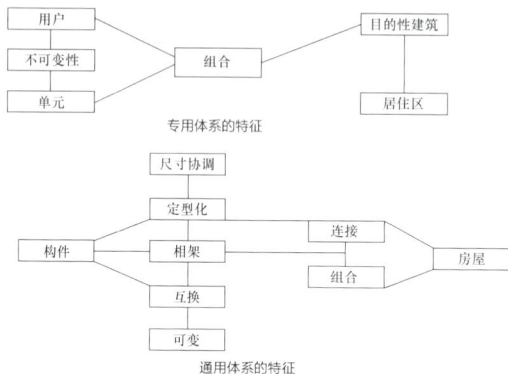

专用体系的特征

通用体系的特征

4.11.2 预制装配式的建筑

一、预制装配式的建筑——用流水线生产产品的工业化方式来组装建造房屋用的预制构配件产品。

$$主体结构形式 \begin{cases} 板材装配式 \\ 框架装配式 \\ 盒子装配式 \end{cases}$$

二、板材装配式建筑

1. 主要预制构件秉成片的墙体及大块的楼板。

2. 承重方式——以横墙承重为主，也可以用纵墙承重或者纵、横墙混合承重。

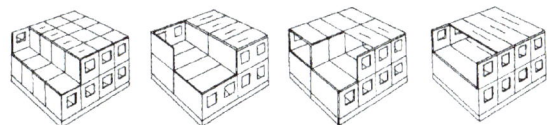

(a) 横向承重（小跨度）　(b) 横向承重（大跨度）　(c) 纵向承重（小跨度）　(d) 纵向承重（大跨度）

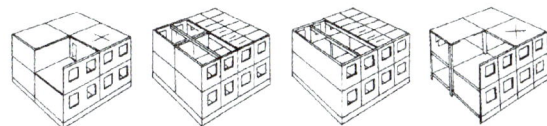

(e) 双向承重　(f) 内墙板搁大梁承重　(g) 内骨架承重　(h) 楼板四点搁置，内柱承重

板材装配式建筑的结构支承方式

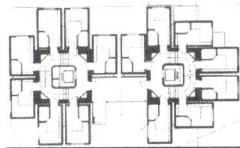

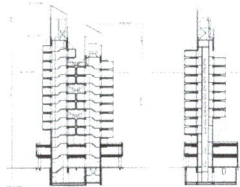

盒子装配式建筑（某高层公寓实例）

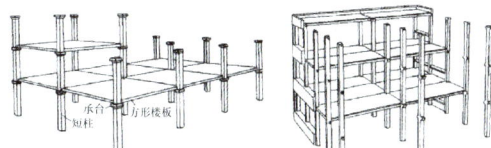

(a) 短柱承台式　　(b) 长柱大跨楼板

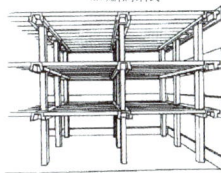

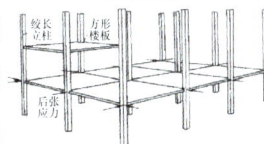

(c) 长柱板梁式　　(d) 后张应力折柱墙撑支承

板柱体系的装配方式整体透视

柱梁式轻钢结构建筑骨架构成

4.11.3 现浇或现浇与预制相结合的建筑

现浇和现浇与预制相结合的建筑——在现场采用工具模板、泵送混凝土进行机械化施工的方式，将建筑结构的主体部分整体浇筑或者是浇筑其中的核心筒等部分，其他部分用装配式的方法完成。

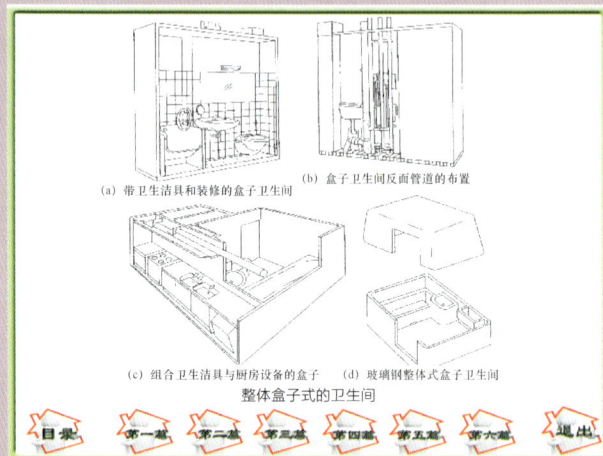

主体结构形式 ⎰ 内浇外挂
　　　　　　　 ⎱ 内浇外砌
　　　　　　　　 全现浇

(a) 带卫生洁具和装修的盒子卫生间　　(b) 盒子卫生间反面管道的布置

(c) 组合卫生洁具与厨房设备的盒子　　(d) 玻璃钢整体式盒子卫生间

整体盒子式的卫生间

第五篇 工业建筑设计

5.1 工业建筑概述
5.2 工业建筑环境设计
5.3 单层工业建筑设计
5.4 多层工业建筑设计

（一）主要生产厂房
用于完成产品从原料到成品加工的主要工艺过程的各类厂房。

5.1.1.2 工业建筑分类
　2. 按厂房生产状况分：冷加工厂房
　　　　　　　　　　　　热加工厂房
　　　　　　　　　　　　恒温恒湿厂房
　　　　　　　　　　　　洁净厂房

　3. 按厂房层数分：单层厂房
　　　　　　　　　　多层厂房
　　　　　　　　　　混合层数厂房

　4. 科研、生产、储存综合建筑（体）
　在同一建筑里既有行政办公、科研开发，又有工业生产、产品
储存的综合性建筑，是现代高新产业界出现的新型建筑。

（二）多层厂房
用于电子、精密仪器、食品和轻工业。

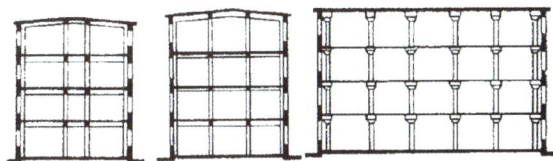

　a）内廊式　　　　　b）统间式　　　　　c）大宽度式

多层厂房立面

5.2 工业建筑环境设计

5.2.1 厂房的热环境

5.2.2 厂房的光环境

5.2.3 厂房的声环境

5.2.4 洁净厂房设计

---

② 对外窗、外门的要求：

恒温恒湿厂房对外窗、门等的要求

室温允许波动范围	外窗	外门和门斗	内门和门斗
≥±1°	宜北向，不应有东、西向外窗		门两侧温差≥7°时，宜设门斗
±0.5°	不宜外窗	不应有外门，如有外门，必须设门斗	门两侧温差≥3°时，宜设门斗
±0.1°~0.2°	—	—	内门不宜向室温基数不同或室温允许波动范围大于±1.0°时的临室

5.2.1.2 厂房的自然通风

1. 基本概念

（1）机械通风：依靠通风机的力量为空气流动的动力

（2）自然通风：利用自然力作为空气流动的动力

2. 自然通风的基本原理

（1）热压作用：

$$p = g \cdot h \cdot (\rho_w - \rho_n)$$

热压大小取决于两个因素，即上下进排风口的中心距离和室内外温度差

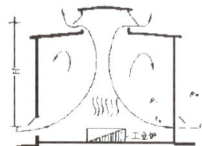

矩形通风天窗：
　符合下列条件时，天窗前可不设挡风板：
　厂房的边跨，满足下表条件时，可不设挡风板。
　符合下表的情况，低跨天窗靠近一侧的排风口可不设挡风板。

天窗迎风面上产生负压条件

h/H	α＝0°	α＝5°	α＝10°	
0.05	$0.2 < x/H < 2.6$	$0.2 < x/H < 1.8$	$0.2 < x/H < 0.95$	
0.10	$0.2 < x/H < 2.2$	$0.2 < x/H < 1.7$	$0.2 < x/H < 0.9$	
0.20	—	$0.2 < x/H < 1.5$	$0.2 < x/H < 0.70$	
0.30	$0.2 < x/H < 2.0$	$0.2 < x/H < 1.35$	—	
0.40	$0.2 < x/H < 1.8$			

h—天窗高度
H—厂房高度
x—迎风面檐口距天窗的距离
α—风与水平面的夹角

（2）通风天窗的选择
　①矩形通风天窗：
　两相邻天窗间距 $l ≤ 5h$ 时，两天窗互起挡风板作用，可不设挡风板。

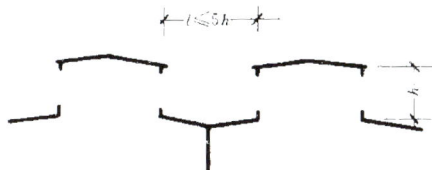

（3）应注意的问题：
　为方便工作（如检修吊车轨等）和不使吊车梁遮挡光线，高侧窗下沿距吊车梁顶面一般取600mm左右为宜。低侧窗下沿（窗台）一般应略高于工作面的高度（0.8m左右）。

窗间墙愈宽，光线愈明暗不均，因而窗间墙不宜设得太宽，一般以等于或小于窗宽为宜。如沿墙工作面上要求光线均匀，可减少窗间墙的宽度或取消窗间墙做成带形窗。

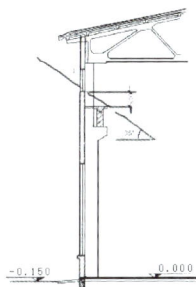

高低侧窗示意图

锯齿形天窗
优点：
　　室内光线稳定、均匀，无直射光进入室内，避免产生眩光及不增加空调设备负荷。

　　采光效率高，在满足同样的采光标准的前提下，锯齿形天窗可比矩形天窗节约玻璃面积30%左右。由于玻璃面积少又朝北，因而在炎热地区防止室内过热也有好处。

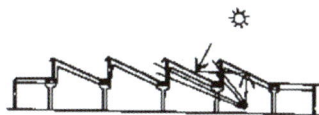

锯齿形天窗厂房剖面

工业建筑室内允许噪声级（dBA）（GBJ 87-85）

工业建筑室内允许噪声（dBA）　　（GBJ87-85）

序号	地点类别		噪声限值（dB）
1	生产车间及作业场所（工业每天连续接触噪声8h）		90
2	高噪声车间设置的值班室、观察、休息室（室内背景噪声）	无电话通话要求时	75
		有电话通话要求时	70
3	精密装配线、精密加工车间的工作地点、（正常工作状态）		70
4	车间所属办公室、实验室、设计室（室内背景噪声）		70
5	主控室、集中控制室、通信室、电话总机室消防值班室（室内背景噪声）		60
6	厂部所属办公室、会议室、设计室、中心实验室（包括试验、计量室）（室内背景噪声）		60
7	医务室、教室、哺乳室、托儿所、工人值班室（室内背景噪声）		55

5.2.4.2 尘源及防尘措施

为防止工作人员将灰尘带入室内以及防止人员自身产生的尘埃，在洁净室设计中必须注意生活间的布置和人员净化的措施。

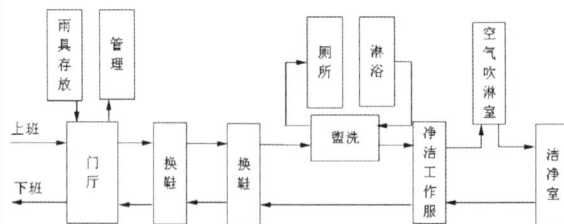

人身净化程序

5.3 单层工业建筑设计

5.3.1 单层工业建筑的结构类型与构件组成

5.3.2 单层工业建筑的柱网选择

5.3.3 工业建筑高度的确定

5.3.4 单层工业建筑的定位轴线

装配式钢筋混凝土结构

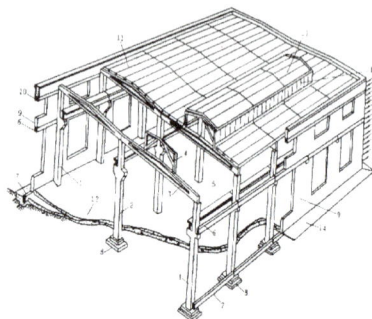

1—边列柱；
2—中列柱；
3—屋面大梁；
4—天窗架；
5—吊车梁；
6—连系梁；
7—基础梁；
8—基础；
9—外墙；
10—圈梁；
11—屋面板；
12—地面；
13—天窗扇；
14—散水；
15—风力

装配式钢筋混凝土结构

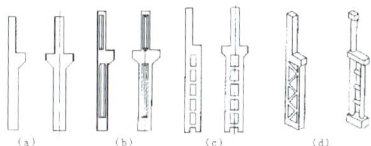

几种常见预制钢筋混凝土柱
（a）矩形柱（b）工字型柱（c）双肢柱（d）管柱

5.3.2.1 生产工艺是工业建筑设计的依据

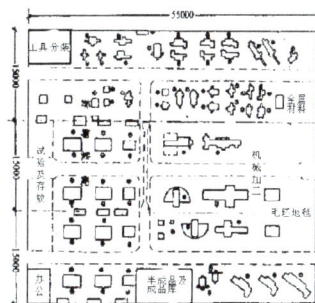

生产工艺示意图

工业建筑平面及空间组合设计，是在工艺设计及工艺布置的基础上进行的。

5.3.2.3 柱网的选择

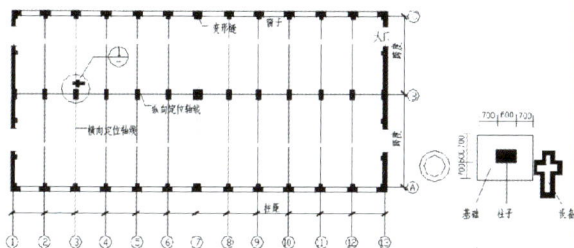

柱网：柱子在工业建筑平面上排列所形成的网格。
跨度：柱子纵向定位轴线之间的距离。
柱距：横向定位轴线之间的距离。

（二）平面利用和结构方案经济合理
工业建筑因工艺要求，常将个别大型设备越跨布置，采用抽柱方案，上部用托架梁承托屋架，因根据实际情况，适当调整跨度和柱距。

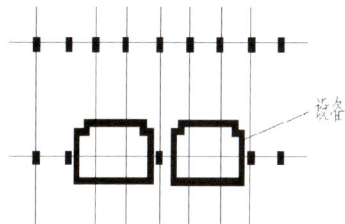

柱顶标高的确定：
（1）无吊车工业建筑
柱顶标高：按最大生产设备高度及安装检修所需的净空高度来确定，且应符合《工业企业设计卫生标准》TJ36-79的要求，同时柱顶标高还必须符合扩大模数3M（300mm）数列规定。柱顶标高一般不得低于3.9m。

（2）有吊车工业建筑
计算公式：$H=H_1+h_6+h_7$

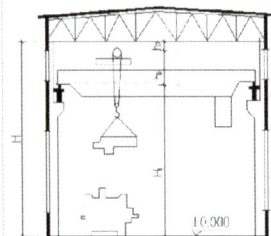

高度对造价有直接影响，确定高度时应有效地利用和节约空间，降低建筑造价。

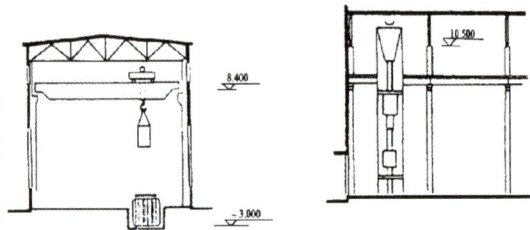

利用降低设备地坪　　　　利用屋顶空间布置设备降低建筑高度

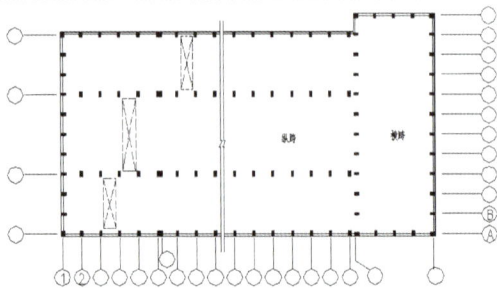

单层工业建筑定位轴线示意

5.3.4.2 纵向定位轴线
纵向定位轴线：标定横向构件屋架或屋面大梁标志尺寸的端部位置，也是大型屋面板边缘的位置。
确定的原则：结构合理、构件规格少、构造简单外，在有吊车的情况下，还应保证吊车运行及检修的安全需要。
（一）外墙、边柱与纵向定位轴线的联系
有吊车的工业建筑中，《厂方建筑模数协调标准》GBJ6-86对吊车规格与工业建筑跨度的关系为：
$L_k=L-2e$
L_k—吊车跨度（m）；
L—工业建筑跨度（m）；
e—吊车轨道中心线至纵向定位轴线的距离（mm），一般取750mm，当吊车起重量大于50t或者为重级工作制需设安全走道板时，取1000m，如图示：$e=h+C_b+B$

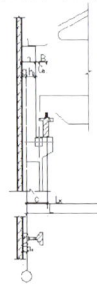

（二）中柱与纵向定位轴线的联系
（1）等高跨中柱与纵向定位轴线中柱常采用单柱，其柱截面中心与纵向定位轴线相重合。
　　上柱截面一般取600mm，以满足屋架或屋面大梁的支承长度，且上柱不带牛腿，构造简单。

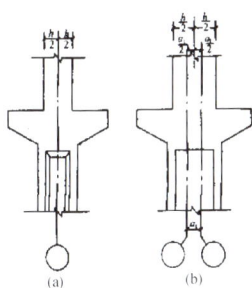

采用双柱：用两条定位轴线，并设插入距。柱与定位轴线的关系可分别按各自的边柱处理。

高低跨两侧的结构实际是各自独立、自成系统，仅是互相靠拢，以便下部空间相通，有利于组织生产。

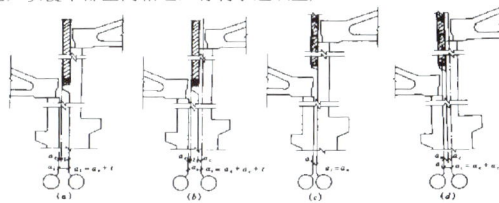

不等高工业建筑纵向伸缩缝处双柱与纵向定位轴线的联系

5.4.1 多层工业建筑概论

随着科学技术的发展、工艺和设备的进步、工业用地的日趋紧张，多层厂房在机械、电子、电器、仪表、光学、轻工、纺织、化工和仓贮等行业中已具有举足轻重的地位，多层工业厂房在整个工业建筑中所占的比重将会越来越大。

5.4.1.1 多层厂房的特点
　　（1）建筑物占地面积小。
　　（2）厂房宽度较小。
　　（3）交通运输面积大。
　　（4）由于多层厂房在楼层上要布置设备，受梁板结构经济合理性的制约，厂房柱网尺寸较小，使得厂房的通用性较小，不利于工艺改革和设备更新。
　　（5）当楼层上布置振动较大的设备时，结构计算和构造处理复杂。

通用厂房实例

混合式

5.4.2.3 柱网选择和定位轴线

设计原则

满足生产工艺的需要；

符合《建筑模数协调统一标准》（GBJ2—86）；
《厂房建筑模数协调标准》（GBJ6—86）；

经济合理性、施工可能性；

跨度（进深）应采用扩大模数15M数列；

柱距（开间）应采用扩大模数6M数列。

(d) 大跨度式柱网

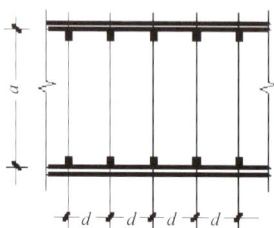

跨度a大于12m

5.4.3.1 楼、电梯间的布置

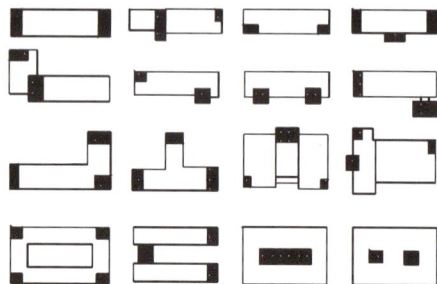

2 不同平面形状的技术特点

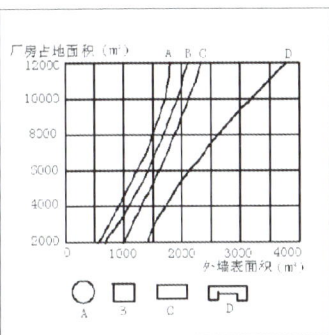

平面长宽比值越大，占地面积越大，经济性越低。

5.4.4.2 层高、层数与经济的关系

（一）层高与经济的关系

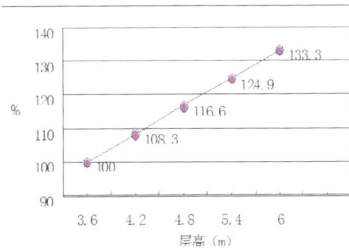

层高和单位面积造价的变化是正比关系。即层高每增加0.6m，单位面积造价提高约8.3%左右。

（二）层数与经济的关系

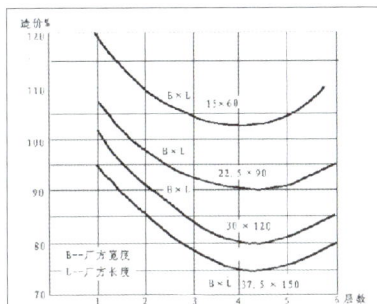

经济层数的确定和厂房展开面积的大小有关；展开面积愈大，层数愈可提高。此外合理层数和建筑宽度及长度也有关系。

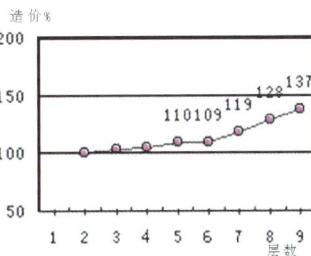

以3～5层较经济。当建筑宽度和长度增加时，经济的层数可为4～5层。层数再增多，一般是不经济的。

层数与单位面积的造价

第六篇 工业建筑构造

6.1 单层工业建筑外墙及厂房大门、地面构造

6.2 单层工业建筑天窗构造

6.3 钢结构厂房构造

6.4 工业建筑特殊构造

6.1.1.2 自承重的砌块墙
1. 自承重墙的支撑
①自承重墙的支承：单层厂房中自承重墙直接支承在基础梁上，基础梁支承在杯形基础的杯口上。根据基础埋深不同，基础梁有不同的搁置方式。不论哪种形式，基础梁顶面的标高通常低于室内地面50mm，并高于室外地面100mm，可以防止雨水倒流，也便于设置坡道，并保护基础梁。

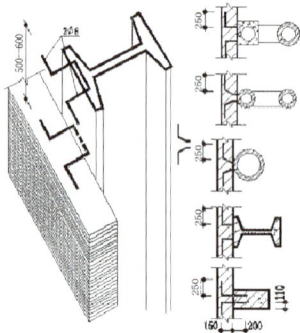

②墙和柱的连结构造：为使自承重墙与排架柱保持一定的整体性与稳定性，必须加强墙与柱的连结。其中最常见的做法是采用钢筋拉结。

墙和柱的连结

---

2. 墙板的布置

墙板在墙面上的布置方式，最广泛采用的是横向布置，其次是混合布置，竖向布置采用较少。

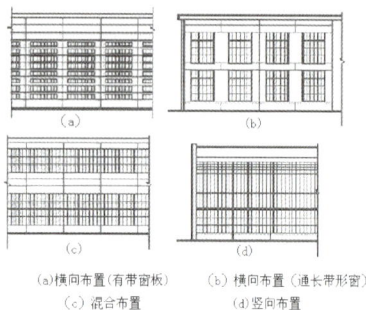

(a)横向布置(有带窗板)　　(b) 横向布置 (通长带形窗)
(c) 混合布置　　(d) 竖向布置

6.1.1.4 轻质板材墙

类型：1. 石棉水泥波瓦墙
2. 压型钢板墙

墙梁与柱的连接　　石棉水泥波瓦墙板连接构造

6.1.1.5 开敞式外墙

1—石棉水泥波瓦　2—型钢支架　3—圆钢筋轻型支架　4—钢筋混凝土挡雨板及支架
5—无支架钢筋混凝土挡雨板　6—石棉水泥波瓦防雨板　7—钢筋混凝土防雨板

挡雨板构造示例

1. 石棉水泥波瓦挡雨板：特点是轻。（图a）

2. 钢筋混凝土挡雨板。（图b和c）

6.1.2.1 厂房大门的尺寸与类型

运输工具 ＼ 洞门宽	2100	2100	3000	3300	3600	3900	4200 4500	洞口高
3t 矿车								2100
电瓶车								2400
轻型卡车								2700
中型卡车								3000
重型卡车								3900
汽车起重机								4700
火车								5100 5400

厂房大门尺寸（mm）

门的尺寸应根据所需运输工具类型、规格、运输货物的外形并考虑通行方便等因素来确定。

2. 推拉门：推拉门由门扇、门轨、地槽、滑轮及门框组成。支承方式分为上挂式和下滑式两种。

(a) 单轨双扇

(b) 多轨多扇

(c) 多轨多扇

推拉门布置形式

不同地面接缝处理

混凝土垫层缩缝构造示意

上悬钢天窗扇构造示例

6.2.1.3 天窗端壁

天窗两端的承重围护构件称为天窗端壁。
通常采用预制钢筋混凝土端壁板或钢天窗架石棉水泥瓦端壁。
前者用于钢筋混凝土屋架；后者多用于钢屋架。为了节省材料，钢筋混凝土天窗端壁常作成肋形板代替天窗架，支承天窗屋面板。端壁板及天窗架与屋架上弦的连接均通过预埋铁件焊接。

钢筋混凝土端壁板

6.2.2.2 平天窗的构造

平天窗类型虽然很多，但其构造要点是基本相同的，即井壁、横档、透光材料的选择及搭接、防眩光、安全保护、通风措施等。下图是平天窗（采光板）的构造组成。

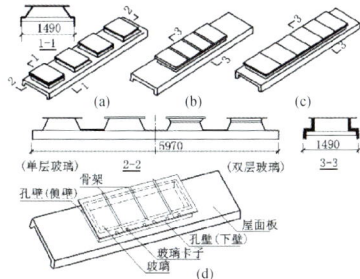

(a) 小孔采光板；
(b) 中孔采光板；
(c) 大孔采光板；
(d) 采光板的组成。

2. 挡雨片构造

挡雨片所采用的材料有石棉瓦、钢丝网水泥板、钢筋混凝土板、薄钢板、瓦楞铁等。

当天窗有采光要求时，可改用铅丝玻璃、钢化玻璃、玻璃钢波形瓦等透光材料。

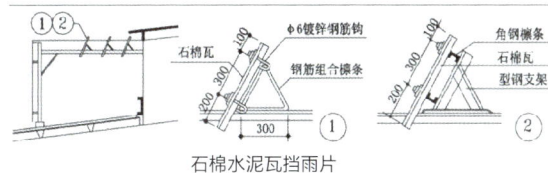

石棉水泥瓦挡雨片

6.2.4.1 井式天窗构造

井式天窗是将屋面拟设天窗位置的屋面板下沉铺在屋架下弦上，形成一个个凹嵌在屋架空间内的井状天窗。它具有布置灵活、排风路径短捷、通风性能好、采光均匀等特点。　在热加工车间中广泛采用，一些局部热源的冷加工车间也有应用。

井式天窗示意

6.屋架选择

架形式影响井式天窗的布置和构造。梯形屋架适用于跨边布置井式天窗。拱形或折线形屋架因端部较低，只适于跨中布置井式天窗。屋架下弦要搁置井底檩条或井底板，宜采用双竖杆屋架、无竖杆屋架或全竖杆屋架。

类型	双竖杆屋架	无竖杆屋架	全竖杆屋架
平行弦			
梯形			
拱形			
折线形			
三角线			

用于井式天窗的屋架形式

6.2.4.3 横向下沉式天窗概述

向下沉式天窗是将相邻柱距的整跨屋面板一上一下交替布置在屋架的上、下弦，利用屋架高度形成横向的天窗。横向下沉式天窗可根据采光要求及热源布置情况灵活布置。特别是当厂房的跨间为东西向时，横向天窗为南北向，可避免东西晒。

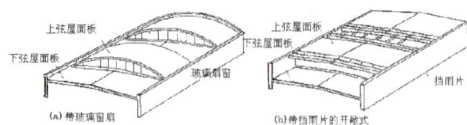

横向下沉式天窗示例

2. 三角形天窗

三角形天窗与采光带类似，但三角形天窗的玻璃顶盖呈三角形，通常与水平面成30°～45°，宽度较宽（一般为3～6m），须设置天窗架，常采用钢天窗架。三角形天窗同样具有采光效率高的特点，但其照度的均匀性比平天窗差，构造也复杂一些。

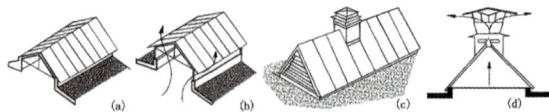

三角形天窗的几种形式

(a)单纯采光的;(b)天窗横口下带通风口;(c)端部设通风百页及顶部设通风塔;(d)顶部设有抽风机的风帽

3. 通风屋脊

通风屋脊是在屋脊处留出一条狭长的喉口，然后将此处的脊瓦或屋面板架空，形成脊状的通风口。喉口宽度小时，可用砖墩或混凝土墩子架空（a）；喉口宽度大时，可用简单的钢筋混凝土或钢支架支承（b）。在两侧通风口处需投挡雨片挡雨；也可设置挡风板，使排风较为稳定。通风屋脊的构造简单、省工省料，缺点是易飘雨、飘灰，主要用于通风要求不高的冷加工车间。

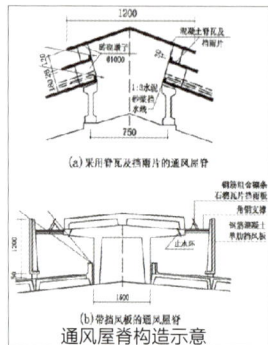

(a)采用脊瓦及挡雨片的通风屋脊

(b)带挡风板的通风屋脊

通风屋脊构造示意

压型钢板板型及部分连接件

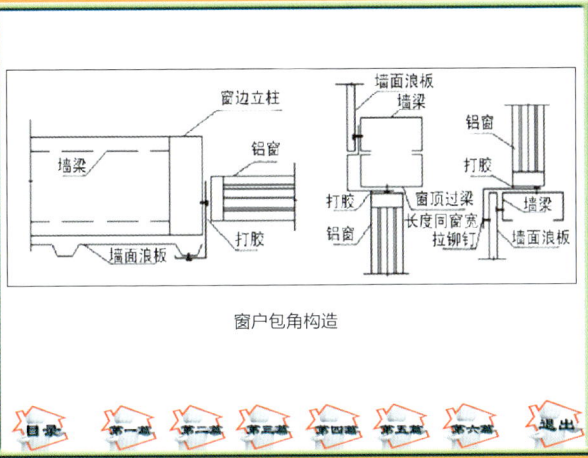

窗户包角构造

外墙及屋面的保温能力可简单地以其热阻的大小来衡量。热阻越大，通过的热量越少，其保温性能越好。但热阻过大，就意味着浪费，会增加土建投资。因此，对围护结构热阻的取值大小有一个最低限值的要求，即最小总热阻，见下式：

$$R_{o.\min} = \frac{t_i - t_g}{[\Delta t]} R_i n$$

$$R_{o.\min} = \frac{t_i - t_g}{[\Delta t]} R_i n$$

式中　$R_{o.\min}$——围护结构最小总热阻，㎡K/W；

t_i t_g——分别为冬季室内、外计算温度，℃；

$[\Delta t]$——室内空气与围护结构内表面温度的允许温差值，℃；

R_i——围护结构内表面感热阻，㎡K/W；

n——温度修正系数，一般取1。

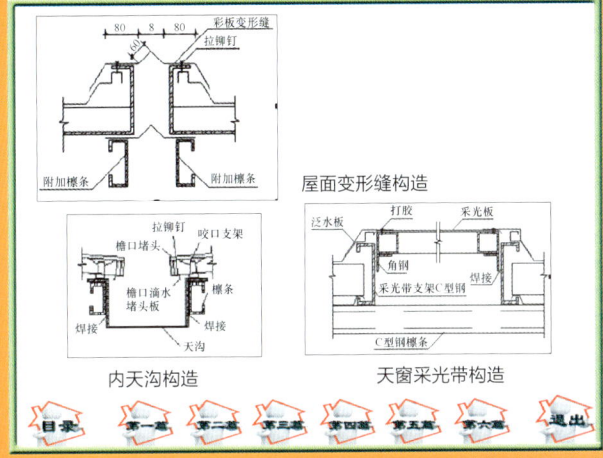

屋面变形缝构造

内天沟构造

天窗采光带构造

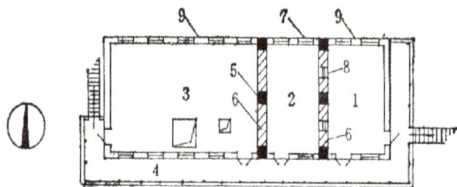

1-仪表控制室； 2-有爆炸危险生产工序； 3-一般工序； 4-外走廊； 5-钢筋混凝土框架结构； 6-防爆墙（500mm厚砖墙）；7-泄压窗；8-防爆观察；9-承重结构

某厂二乙胺车间二层平面

2.楼地面防腐蚀

(1)楼地面组成层次及各层次的作用和要求。
(2)地漏防腐蚀。
(3)地面变形缝防腐蚀。

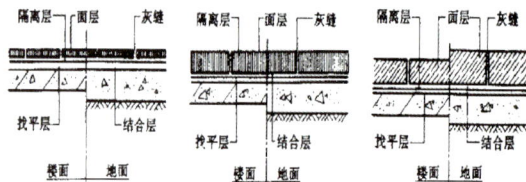

块材楼、地面构造层次

主编：史　平　赫　强
参编：陈　永　张　达　苏　平　蔡成果
　　　朱正卫　杨　超
设计：侯伟伟

作者单位：徐州工程学院

参考文献

[1] 同济大学、西安建筑科技大学、东南大学等. 房屋建筑学（第四版）. 北京：中国建筑工业出版社，2006.

[2] 建筑设计资料集（第二版）1-10. 北京：中国建筑工业出版社，1994.

[3] [日] 建筑资料研究社编，朱首明等译. 建筑图解辞典（上、中、下）. 北京：中国建筑工业出版社，1997.

[4] 同济大学、西安建筑科技大学、东南大学等. 房屋建筑学（第三版）. 北京：中国建筑工业出版社，1997.

[5] 彭一刚. 建筑空间组合论（第三版）. 北京：中国建筑工业出版社，2008.

[6] 刘学贤. 建筑技术构造与设计. 北京：机械工业出版社，2009.

[7] 刘昭如. 建筑构造设计基础（第二版）. 北京：科学出版社，2008.

[8] 张建荣. 建筑结构选型. 北京：中国建筑工业出版社，2007.

后　记

　　房屋建筑学是一门综合民用建筑和工业建筑的设计与构造等内容的课程，涉及内容较多。由于教学时数的限制，本课件光盘在工业建筑内容上略有删减，重点讲解民用建筑部分，最新的建筑知识和实例有待补充和完善。

　　本光盘采用了多媒体软件制作，发挥多媒体课件的优势，展示了建筑知识与相关图示和建筑实例，方便教师教学和学生自学。由于作者的知识和技术水平，以及制作时间的限制，本课件尚有不少疏漏、错误、不妥之处，真诚希望广大读者批评指正。

编者